L'ENSEIGNEMENT

DE

L'ANTHROPOLOGIE

EN FRANCE & A L'ÉTRANGER

(Discours prononcé à la Société d'Anthropologie de Paris dans la séance du 9 janvier 1902)

PAR LE

Dr R. VERNEAU

PARIS-6

15, Rue de l'École-de-Médecine, 15

1902

L'ENSEIGNEMENT

DE

L'ANTHROPOLOGIE

EN FRANCE & A L'ÉTRANGER

(Discours prononcé à la Société d'Anthropologie de Paris dans la séance du 9 janvier 1902)

PAR LE

Dʳ R. VERNEAU

PARIS-6

15, Rue de l'École-de-Médecine, 15

—

1902

Beaugency, Imp. Laffray fils & gendre

Mes chers Collègues,

En m'appelant à la présidence de la Société d'Anthropologie, vous n'avez fait un honneur dont je suis profondément touché ; permettez-moi de vous en exprimer toute ma gratitude.

Ce n'est pas sans une certaine appréhension que je viens m'asseoir dans ce fauteuil qui a été occupé par tant de savants illustres ; je me demande si j'ai bien l'autorité nécessaire pour diriger les travaux d'une société qui a jusqu'ici tenu dans le monde une place fort honorable. S'il suffisait de bon vouloir pour être un président sortable, je pourrais espérer que vous n'auriez pas à regretter d'avoir accordé vos suffrages à un collègue qui, depuis vingt-sept ans, a essayé d'apporter sa modeste contribution à l'œuvre commune ; mais il faut d'autres qualités que je ne possède guère. Malgré tout, je ne recule pas devant la tâche que j'ai assumée, car j'ai la certitude que la bienveillance dont vous m'avez donné plus d'une preuve ne me fera pas défaut dans le cours de cette année et que je puis compter sur votre concours à tous. Cette bienveillance que je sollicite, j'essaierai de m'en rendre digne en laissant de côté tout parti-pris et en m'efforçant de diriger nos discussions avec la plus stricte impartialité.

Il est de tradition chez nous que le président sortant adresse des compliments à son successeur et que celui-ci félicite le collègue qui lui cède le fauteuil. Si j'avais été tenté d'oublier cette coutume, M. Chervin me l'aurait rappelée en s'y conformant le premier. Je ne saurais, par conséquent, me dérober à ce devoir que je veux remplir de façon à ne pas offusquer sa modestie.

Le 5 janvier 1901, en s'asseyant pour la première fois à cette place, notre président sortant constatait que M. Yves Guyot, par son assiduité, avait rendu absolument inutile la présence des vice-présidents. Cet éloge je l'adresserai sans restriction à M. Chervin. Il a présidé avec un zèle infatigable, non seulement toutes nos séances réglementaires, mais encore quelques séances qui n'étaient pas prévues par le règlement. — Il a compris qu'à notre époque, alors que dans le monde entier une foule de savants se préoccupent des questions qui touchent à la Science de l'Homme, le meilleur moyen d'arriver à des résultats féconds, c'est d'unir les efforts de tous les hommes de bonne volonté ; et, dans ce but, il a eu la pensée d'établir des relations plus suivies avec nos collègues étrangers. Des démarches ont été faites dans ce sens, l'idée a été bien accueillie et elle fera son chemin.

Toujours à la recherche de ce qui pouvait apporter une vitalité nouvelle à notre Société — quoiqu'elle ne se porte encore pas trop mal, j'aime à le constater — M. Chervin nous a proposé une série de mesures que je n'ai pas à vous rappeler. J'ai eu parfois le regret de me séparer de lui ; mais si nous avons différé d'opinion sur quelques points, je serais bien injuste si je ne rendais hommage aux efforts qu'il a déployés.

Dans l'année qui vient de prendre fin, un événement s'est produit : le Grand Maître de l'Université, M. le Ministre de l'Instruction publique, a bien voulu présider le banquet organisé pour fêter le quarantième anniversaire de l'arrêté autorisant la Société d'Anthropologie à exister légalement. Devons-nous voir dans ce fait le présage d'une ère nouvelle ? L'anthropologie ne sera-t-elle plus, dorénavant, tenue en suspicion en haut lieu ? Je voudrais pouvoir en accepter l'augure, mais quelques doutes susbistent dans mon esprit.

Certes nous ne verrons plus revenir ces jours sombres pendant lesquels notre Société était placée sous la surveillance directe et effective du Commissaire de police du quartier de la Sorbonne, qui devait assister à toutes ses séances. La République a brisé bien des entraves, et ce n'est pas à l'heure où les réactions n'osent plus guère arborer leurs drapeaux que nous pouvons craindre un retour au régime antérieur au 10 janvier 1861. Mais, dans certains milieux, il règne encore de la méfiance contre les évolutionnistes, qui sont parfois considérés comme des révolutionnaires. Or parmi les anthropologistes, les partisans de la doctrine de l'évolution sont nombreux. Les savants qui consacrent leurs loisirs à l'étude du passé de l'Humanité nous révèlent chaque jour des faits nouveaux démontrant de plus en plus qu'à aucun moment les sociétés ne sont restées immuables. Les anatomistes établissent des relations de plus en plus intimes entre l'être humain et les autres mammifères. Les paléontologistes découvrent de nouveaux chaînons qui relient les êtres organisés les uns aux autres. En présence de toutes ces découvertes, l'homme de science ne peut manquer de soumettre à une critique sévère les traditions qu'on acceptait jadis les yeux fermés ; l'anthropologiste, plus que tout autre, a le devoir de modifier les conceptions antiques pour les mettre en accord avec nos connaissances actuelles.

C'est là qu'il faut chercher en partie la raison de cette méfiance que je viens de vous rappeler. Nos études ont jeté l'alarme chez les conservateurs à outrance, chez ceux qui nient le progrès parce qu'ils ne veulent pas le voir. Or le rôle de nos administrations, vous le savez tous, mes chers Collègues, c'est de conserver nos vieilles traditions, de se mettre en travers de tout ce qui pourrait resembler à une innovation quelque peu hardie. Voilà pourquoi, assurément, les sciences anthropologiques sont encore tenues en suspicion. Les progrès qu'elles ont accomplis depuis un demi-siècle, on semble vouloir les ignorer dans les sphères officielles. En effet, comment expliquer autrement l'ostracisme dont est frappée l'anthropologie? Les faits les mieux avérés sont tenus pour nuls et non avenus. Dans nos Universités ou se garde soigneusement de souffler mot des conclusions auxquelles ont conduit les patientes recherches de cette phalange de savants que nous entourons de notre respect. En 1902, il n'existe pas un seul cours d'anthropologie dans les Universités françaises. Pour les autorités, nos connaissances en sont encore au point où elles en étaient en 1855, lorsque de Quatrefages, le savant dont je m'honore d'avoir été l'élève, prenait possession de la vieille chaire d'anatomie du Muséum, devenue chaire d'anthropologie. Officiellement rien n'a été fait depuis pour répandre les connaissances acquises. Je vais un peu trop loin cependant, et pour ne pas être taxé d'exagération, je dois avouer qu'un cours bien modeste d'Ethnographie a été créé, il y quelques années, à l'Ecole coloniale, par le Ministère des Colonies. Mais il semble qu'on ait regretté d'avoir pris une mesure aussi hardie, et bientôt sans même prévenir votre serviteur, qui avait succédé dans la chaire à M. Hamy et qui avait peut-être eu le tort de proclamer que le droit doit toujours primer la force, le cours était suspendu. On m'a annoncé *officieusement* il y a quelques jours, que le Conseil de perfectionnement de l'École en avait décidé le rétablissement.

Cherchez en dehors de ces deux cours, et vous ne trouverez rien. Heureusement, ce que l'Administration n'a pas fait, l'initiative privée a osé l'entreprendre. Le premier cours libre d'Anthropologie a été ouvert en 1869, à la salle Gerson, par notre ancien président, M. le professeur Hamy. En 1876, *l'École d'Anthropologie de Paris* était fondée, et en 1892 le Conseil municipal de Paris adjoignait à son enseignement populaire supérieur une chaire d'anthropologie. En province, deux de nos collègues, MM. Cartailhac et Chantre, obtenaient l'autorisation de professer des cours *libres* auprès des Facultés des Sciences de Toulouse et de Lyon.

Mais l'enseignement libre a toujours une existence quelque peu précaire. Les cours de la salle Gerson sont morts depuis longtemps; l'enseignement populaire supérieur de l'Hotel de Ville est bien malade et nos collègues de province ont tantôt professé, tantôt supprimé leurs leçons. Seule l'École d'anthropologie reste dans une situation florissante, et je lui désire une longue ère de prospérité.

Est-ce à dire que le public se désintéresse de nos études? assurément non. La masse du peuple se passionne, au contraire, pour tout ce qui touche à nos origines, à notre passé, à notre évolution. Les adversaires de l'enseignement de l'Etat le sentent si bien qu'ils se sont résolus à faire une place à l'anthropologie dans leurs programmes. Consultez celui de la Faculté catholique des Sciences de Lille, et vous y verrez figurer une série de conférences qu'on n'ose pas encore faire dans les Facultés officielles. Il semble, à en juger par le titre d'une de ces conférences, que les professeurs catholiques cherchent une fois de plus à empêcher le divorce entre la bible et la science. Le 13 décembre dernier, un orateur avait, en effet, pris comme sujet : « *Le texte hébreu du récit de la création et les facilités qu'il laisse aux études scientifiques.* » Quoi qu'il en soit, il est bien évident que la Faculté catholique du nord a voulu devancer ses rivales laïques et qu'en présence des progrès sans cesse croissants de l'anthropologie, elle a tenu à mettre ses élèves en garde contre les déductions qu'ils pourraient tirer plus tard des faits en leur fournissant par anticipation des conclusions toutes prêtes.

L'État restera-t-il impassible? Se laissera-t-il toujours distancer par ses rivaux? Continuera-t-il à permettre qu'on enseigne au jeunes gens tous les mythes imaginables, qu'on pétrisse leur intelligence, sans essayer de réagir en leur infusant quelques-unes des vérités que seuls les aveugles s'obstinent à ne pas voir? C'est ce que l'avenir nous apprendra.

Pendant que nous piétinons sur place, que font les autres nations ? Permettez-moi de le rappeler brièvement à ceux d'entre vous qui le savent et de l'apprendre à ceux qui l'ignorent. En Amérique notre collègue M. George Grant Mac Curdy ; en Allemagne, le savant professeur Waldeyer, de Berlin, ont publié presque simultanément des notes fort suggestives sur le sujet. Je me suis livré moi-même à une enquête personnelle et grâce à la bienveillance des savants auxquels je me suis adressé, j'ai pu établir une statistique que je crois assez exacte. Ces savants, auxquels je tiens à exprimer ma gratitude, portent des noms bien connus de vous tous ; ceux qui m'ont honoré d'une réponse sont; le professeur Johannes Ranke et le Dr Israel, assistant du professeur Virchow, pour l'Allemagne : — M. Josef Szombathy et le Dr Josef Hampel, pour l'Autriche-Hongrie ; — le Dr Houzé pour la Belgique ; — M. John L. Myres, pour les iles Britanniques ; — le Dr Luis Montané, pour Cuba ; — M. George F. L. Sarauw, pour le Danemark ; — le professeur D. Manuel Anton et D. Luis de Hoyos Sainz, pour l'Espagne ; — le Dr Marcano, pour les Républiques du Centre-Amérique ; — M. Fabio Frassetto, pour l'Italie ; — le professeur Eugène Dubois, pour les Pays-Bas ; — le Dr Ferraz de Macedo, pour le Portugal ; — le Dr Oscar Montelius, pour la Suède ; — enfin le professeur Al. Schenk, pour la Suisse. —

Mon enquête n'a, d'ailleurs, porté que sur quelques points bien définis. J'ai laissé de côté tout ce qui concerne l'enseignement par les Musées ou l'enseignement libre, mon but étant uniquement de savoir si les gouvernements étrangers attachaient un peu plus d'importance que le nôtre à la diffusion des connaissances anthropologiques. Je n'ai donc posé que trois questions à mes correspondants :

1º Existe-t-il dans le pays que vous habitez des chaires *officielles* d'anthropologie ou d'archéologie préhistorique. Dans le cas affirmatif, quel en est le nombre ?

2º Ces sciences font-elles partie des programmes universitaires ?

3° En enseigne-t-on les éléments dans les établissements d'enseignement secondaire ou même dans les écoles primaires.

Examinons la situation. Je laisserai de côté l'Amérique, n'ayant sur le Nouveau Monde aucune donnée personnelle à vous fournir. Je vous rappellerai seulement que, pour toute l'Amérique du Sud, l'Université de Lima est la seule qui possède deux professeurs enseignant l'anthropologie ; que dans l'Amérique centrale il n'existe aucune chaire de cette nature, sauf à Cuba, où mon excellent collègue et ami, le Dr Luis Montané, professe un cours d'anthropologie à la Faculté des sciences de la Havane et fait *officiellement* des conférences d'anthropologie aux Instituteurs sortis des Écoles normales. Aux États-Unis le nombre des professeurs atteint un chiffre très notable ; l'anthropologie dit M. Mac Curdy, y tend de plus en plus « à être reconnue comme une branche de l'enseignement universitaire. Déjà elle a pris place dans les programmes d'un grand nombre de nos principales institutions. »

En Europe, quelques pays sont restés tout à fait en dehors du mouvement ; tel est le cas de la Grèce, de la Hollande et du Danemark. C'est à peine si, de-ci de-là, un *privat docent*, un conservateur de Musée fait quelques conférences, ou si un professeur soit d'anatomie soit de paléontologie fait allusion aux questions dont nous nous occupons. Les savants déplorent cet état de choses ; M. Sarauw, notamment, ne peut se faire à l'idée que les richesses archéologiques du Danemark s'entassent dans les bâtiments nationaux sans qu'on en fasse connaître la valeur au public... « Quant aux antiquités danoises, qui ont quelque réputation dans le monde, m'écrit-il, on admet qu'elles parlent suffisamment clair au public, même sans cours. »

En Belgique, la situation est un peu moins mauvaise ; il n'existe aucune chaire *officielle* d'anthropologie ni d'archéologie, ce qui implique que ces sciences ne font pas partie des programmes de l'enseignement. Néanmoins, à l'Université de Bruxelles, le Dr Houzé fait, en qualité d'agrégé, un cours d'anthropologie depuis 1884 ; mais les étudiants ne sont nullement dans l'obligation de le suivre. A l'Institut de sociologie (École des sciences sociales), une chaire d'anthropologie a été créée et confiée au même savant ; l'inauguration doit en avoir lieu dans le courant de l'année. Enfin à l'Université nouvelle, il est fait des conférences d'anthropologie criminelle.

En Bulgarie, je puis signaler également des conférences d'anthropologie à l'Université de Sofia.

La Suède et la Norvège dédaignent quelque peu l'anthropologie anatomique, mais, en revanche l'archéologie préhistorique fait partie des programmes de l'enseignement universitaire, et, par suite, elle est professée dans les Universités d'Upsal, de Lund, de Stockholm et de Christiania.

En Russie, il n'y a pas de chaire officielle d'anthropologie proprement dite ou d'archéologie préhistorique ; mais, à l'Académie impériale des Sciences et à l'Université de St-Pétersbourg, les professeurs de géographie sont chargés d'enseigner l'anthropologie et l'ethnographie. Il en est de même à Moscou.

Aux Universités de VIENNE et de PRAGUE, l'archéologie préhistorique est enseignée par des professeurs *extraordinaires, officiellement nommés*, quoique ni cette science ni l'anthropologie proprement dite ne fassent partie des programmes universitaires.

La HONGRIE possède sa chaire *officielle* d'anthropologie physique à l'Université de Budapest et, depuis peu, une chaire de préhistorique à l'Université de Kolasvar.

En outre, des *privat docent* font des cours autorisés d'ethnographie à l'Université de Vienne, et des conférences sont consacrées à la science de l'Homme aussi bien à l'Université officielle qu'à l'Université populaire de cette ville.

Ce qui mérite d'être signalé c'est que, si l'anthropologie et l'archéologie préhistorique ne figurent pas comme obligatoires sur les programmes universitaires, les éléments de la seconde de ces sciences sont enseignés aux élèves des lycées et des écoles primaires supérieures par les professeurs d'histoire qui, avant d'aborder le sujet proprement dit de leur cours, consacrent quelques leçons aux âges préhistoriques.

L'ALLEMAGNE, compte 20 Universités et elle n'a qu'une seule chaire *officielle* d'anthropologie et d'archéologie préhistorique : c'est celle occupée à Munich par le professeur Johannes Ranke. Mais il existe deux professeurs *extraordinaires* aux Universités de Berlin et de Leipzig; ils ne reçoivent pas de subvention de l'État. Dans treize autres Universités, des conférences, en plus ou moins grand nombre, sont consacrées chaque année à l'anthropologie par les professeurs qui traitent soit de l'histoire, soit de l'anatomie, soit de l'hygiène.

Sauf en BAVIÈRE, l'anthropologie et l'archéologie préhistorique ne font pas partie des programmes universitaires. Il en est autrement à Munich où les cours sont très suivis par les étudiants de toutes les Facultés.

Dans l'État bavarois, l'anthropologie fait également partie de l'enseignement dans les lycées, dans une partie des écoles moyennes, dans les écoles normales d'instituteurs, dans les écoles primaires supérieures de jeunes filles; on en expose même les éléments aux élèves des écoles primaires.

La SUISSE, n'a rien non plus à nous envier, bien qu'elle ne possède qu'une chaire *officielle* d'anthropologie à l'Université de Zurich et à l'Ecole polytechnique fédérale. Mais il existe aux Universités de Genève, de Berne et de Lausanne des cours, facultatifs pour les étudiants, qui sont professés dans les Facultés des sciences. Dans la dernière de ces villes, le Dr Alexandre Schenk, agrégé, professe en même temps à la Faculté des Sciences et à la Faculté de médecine; le programme de son enseignement comporte l'anthropologie et l'archéologie préhistoriques et l'anthropologie générale.

Dans les établissements secondaires du canton de Vaud, le programme de l'enseignement de la zoologie se termine par un *Aperçu sommaire sur les principales races humaines*.

Grâce aux efforts combinés de MM. Rudolf Martin, Alexandre Schenk,

J. Heierli, Brückner et Pittard, la diffusion de la Science de l'Homme s'accroît d'année en année, et nos zélés confrères suisses espèrent bien en rendre l'enseignement « *officiel* dans toutes les Universités d'ici à peu de temps. » Souhaitons qu'on entende leurs vœux en attendant qu'on tienne compte des nôtres.

Au premier abord, les ILES BRITANNIQUES ne semblent pas très favorisées ; elles ne possèdent en effet, qu'une chaire *officielle* d'anthropologie, celle de E. B. Tylor, à l'Université d'Oxford. Mais de tous côtés, à Cambridge, à Birmingham, à Edimbourg, à Dublin, des professeurs sont chargés, en qualité de *lecturers*, de traiter des sujets d'anthropologie physique ou d'ethnologie, et la plupart des professeurs d'anatomie humaine enseignent aussi l'anthropologie. Je ne parlerai pas de la chaire d'égyptologie de Londres, dont le titulaire, M. W. M. Flinders Petrie a su se faire une place des plus honorables parmi les spécialistes.

Il ne me reste plus qu'à vous dire deux mots des pays latins. En PORTUGAL une chaire d'anthropologie existe à l'Université de Coïmbra ; elle est rattachée à la Faculté de Philosophie (Sciences naturelles). L'archéologie préhistorique n'est pas enseignée.

L'ESPAGNE possède, au Musée des Sciences naturelles de Madrid, un service d'anthropologie assez analogue à celui du Muséum de Paris et pourvu, comme le nôtre, d'une chaire *officielle* qui a été attribuée, par voie de concours, à notre ami, Manuel Anton. Mais cet enseignement est en même temps rattaché à l'Université et si les cours en sont facultatifs pour les candidats au doctorat en médecine, ils ont été déclarés obligatoires pour les candidats au doctorat ès-sciences naturelles.

Un décret de juillet 1900, non encore appliqué, rend l'étude de l'anthropologie obligatoire à la Faculté des Études sociales et dans la section de philosophie de la Faculté de Philosophie, Belles-Lettres et Histoire.

Une chaire d'anthropologie criminelle, pour laquelle un concours va être bientôt ouvert, a été créée à la Faculté de Droit de Madrid.

L'anthropologie rentre dans le programme, non seulement du doctorat ès-sciences naturelles de l'Université centrale et dans celui des Facultés que je viens d'énumérer, mais aussi dans le programme des Facultés des sciences de province où tous les professeurs de zoologie en enseignent les éléments à leurs élèves. Dans les établissements d'enseignement secondaire, quelques leçons sont consacrées à l'Homme. En 1894, on avait même décidé que les candidats au baccalauréat auraient à suivre un cours spécial d'anthropologie, mais cette décision n'a pas eu de suite.

Je mentionnerai, enfin, le cours d'anthropologie et de pédagogie des écoles normales d'Instituteurs. Les élèves y apprennent notamment à appliquer aux enfants les procédés anthropométriques en usage dans nos laboratoires.

En ITALIE, nos études sont fort en honneur. Les Universités de Rome, Naples et Florence possèdent leurs chaires *officielles* d'anthropologie avec, comme titulaires, les professeurs Sergi, Nicolucci et Mantegazza. Une quatrième chaire *officielle* existe à Padoue ; elle est confiée à un chargé de cours. L'archéologie est enseignée *officiellement* dans les Universités de Rome [1], Naples, Bologne, Pavie, Pise, Turin et Padoue. L'anthropologie criminelle est légalement reconnue. Et tout cela n'empêche pas que de nombreux cours libres soient professés dans les Universités avec l'assentiment des recteurs. Je noterai en passant que l'anthropologie proprement dite est rattachée aux Facultés des Sciences, tandis que l'archéologie est rattachée aux Facultés des Lettres.

On donne encore *officiellement* des notions d'anthropologie à l'Académie scientifique et littéraire de Milan et à l'École normale d'Institutrices de Rome ; mais il n'en est pas question dans les établissements d'enseignement secondaire.

J'arrête ici cette revue un peu fastidieuse. Ce que je viens de vous dire suffit à montrer qu'au point de vue de l'enseignement officiel de l'anthropologie la France est des plus mal partagées : *elle ne possède pas, je le répète une seule chaire consacrée à la Science de l'Homme dans ses Universités.* C'est là un fait que ne parviennent pas à s'expliquer les étrangers. « On en est singulièrement surpris, écrit M. Mac Curdy, quand on se souvient que le pays de Buffon, de Broca, de Quatrefages et de Mortillet est regardé comme le pionnier des sciences anthropologiques et qu'il a formé la majeure partie de tous ceux qui les enseignent actuellement. »

Notre distingué confrère ne connaît pas, sans doute, l'esprit routinier qui anime notre administration. Il oublie que les services rendus chez nous aux sciences anthropologiques sont presque entièrement dus à l'initiative d'hommes qui ont eu à lutter contre toutes sortes d'obstacles, ce qui ne peut que rehausser leur mérite. La Société d'Anthropologie de Paris a compté dans son sein la plupart de ces lutteurs, de ces pionniers, qui ont créé la science nouvelle, et souvent c'est à son appui qu'ils ont dû de pouvoir lancer leurs idées. C'est là un fait dont elle peut s'enorgueillir à juste titre. J'espère qu'elle persévérera dans la même voie, qu'elle ne cessera d'apporter sa pierre à l'édifice et qu'elle finira bien par convaincre les plus récalcitrants que ses découvertes ont toute la valeur qu'on leur reconnaît à l'étranger. On ne saurait méconnaître indéfiniment la haute portée de nos études, et à force de montrer que nos méthodes ont un caractère vé-

---

[1] A la chaire de *palethnologie* de Rome, dont est titulaire notre excellent confrère, M. L. Pigorini, est annexé un Musée préhistorique, dirigé par le même savant. Il en est de même dans plusieurs autres pays.

ritablement scientifique, qu'elles nous permettent de faire tomber peu à peu le voile qui, pendant de si longues générations, a masqué la vérité, nous obtiendrons un jour qu'on fasse à l'anthropologie la place à laquelle elle a légitimement droit.

Ce jour, que beaucoup d'entre nous ne verront probablement pas luire, je l'appelle de tous mes vœux, et c'est pour en hâter l'avènement que je vous convie au travail. Travaillons pour la Science, pour la Vérité, et nous aurons au moins la conscience d'avoir rempli notre devoir et d'avoir, chacun dans la mesure de nos forces, contribué aux progrès de l'humanité.